和你的世界聊一聊 1

Small Talk with YOU

我從動物走向人！

4 告別篇

5 野生動物篇

本書將人與動物都通稱為「你」，希望人都把動物當成「另一種人」，這樣的話互不理睬也沒有關係，保持適當距離，不要傷害，彼此都安全。

人物介紹

春花家寶

個案介紹

瓦達鷲
右右
牛牛
夕夕
馬來貘
保庇

PART

1

成為溝通師

一切的起點
他的下肢癱了，好幾天不吃不喝，又沒人領養。
醫生建議可能得安樂死…
雖然是浪貓…但這樣…
如果你想活下去，
願意跟我回家試試看，
就多少吃一點好嗎？
故事是從這隻車禍貓「大福」開始的…

舔
他…
他吃了！
天啊，
好棒！
他是不是真的聽懂我說了什麼？
一定是啦！
你知道「動物溝通」嗎？
聽說動物都聽得懂人類說的話喔！
真的嗎!?

這樣的話，如果能跟你「溝通」，
是不是就能知道你到底願不願意活下去呢？
我想知道你真實的心意…
於是我開始嘗試了解所謂的「動物溝通」。
這是一種與動物或其他生命進行意識交流的行為，
不僅語言，所有感官都是交流訊息的方式。

也嘗試著自己學習…
靜心什麼的到底怎麼做？
也太難了吧！
還是去上課看看？
動物溝通
課程
NT. XXXX
但這是真的嗎？
上了就可以跟動物說話？
會不會失敗…
揪心
不行，大福那麼努力，
我也要加油！
動物溝通
課程
NT. XXXX
確認報名
按

就這樣，我迎接了人生第一堂的動物溝通課。
早安啊～
同學現在用鼠尾草互相幫忙淨化吧。
跟著我一起呼吸，感受陽光照進來的感覺；
慢慢走進光的深處⋯⋯

我們進行了各種冥想練習，
讓心更沉澱，和天空、土地連結，
和自然萬物更加靠近。

大家都做得很好喔！
現在，我們開始跟同學們的動物溝通吧！
直接溝通嗎？
真的可以？
這隻貓是萌萌！
我的狗叫哈米！
經過家長同意，知道動物的名字，再進行溝通，是基本的禮儀。
……
唔—嗯—
哈米，你好呀！
我可以跟你聊聊天嗎？

你可以跟我分享你愛吃的食物嗎？
可以呀！
哇，謝謝你！
好啊，給你看！
有的人容易接收到畫面，
有的人可能是聽覺、味覺，或嗅覺等。
知道自己可以真的與動物交流訊息，讓我既高興又感動。

春花！阿咪啊！
我今天成功跟動物說到話啦！
嗯，我有聽到。
哥是你嗎！真的是你的聲音嗎？
我好興奮啊！
放開，坐下。
春花的聲音跟他的臉一樣嚴肅。
好酷喔……哥！
別煩我，去找其他貓說話。

阿咪啊～媽媽來跟你說話了！
聽到的話回答我好嗎？
!?
這是什麼？怎麼聽不懂阿咪啊的話？
我今天明明有成功啊？
剛剛也有跟哥說到話啊，
難道…都是我在幻想？
你不是說你相信動物？怎麼會是幻想呢！
噗！

隔天，我再次嘗試和阿咪啊說話。
!@%$#＊&
你說什麼？再慢一點好不好？
拜託~
&#$魚！
什麼？魚嗎？
魚！魚乾！
你想吃魚乾!?
哥！是真的嗎？阿咪啊說他想吃魚乾！
真的嗎？
啊你不就聽到了？還問！
耶~成功了！
我真的辦到了！

溝通好累……我沒電了……
這才剛開始而已！
去拿魚乾啦！

菜鳥實習生
就是，唔，我想想怎麼說～
沒關係，你慢慢來！
因為我也不太確定⋯⋯
怎麼辦，好難喔，我講得好爛⋯⋯
那就多練習啊！
⋯⋯好，
那我來徵求實習個案！

和你分享我的寶貝！
!?
我的第一個實習個案是一隻友善的貓咪「阿橘」。
這裡、
和這裡都有我的寶貝喔！
他好像藏了什麼寶貝在沙發跟主機下面，但我看不太懂…
寶貝？
幾天之後…
我找到了…這就是他的寶貝！
我的天啊！可憐的蟑螂…

還碰到了一隻委屈的狗狗「嚕嚕」…
可以請你讓嚕嚕別把水喝得到處都是嗎？
這邊好擠，一直撞到，我也好怕上面的東西掉下來喔！
因為嚕嚕怕書櫃會倒，所以邊喝水邊退後，水才會到處都是。
咦？沒有發生過這種事呀？
這樣啊，可是嚕嚕真的很害怕耶…

那…如果換個地方讓他喝水呢？
有試過也有改善，但是爸爸堅持家裡的布置不能改變。
他覺得應該要叫嚕嚕聽話，所以我們才來溝通的。
可是…
唉，春花，我覺得自己好像沒幫上忙…講得好差好笨喔！
說不好，多多練習就好啊！
你跟我們不是已經可以好好說話了嗎？
嗯…

於是，我又陸續練習了更多案例。
我的鳥不見了，你可以幫我找嗎？
我想要我的狗聽話不要亂尿尿！
我的貓牙齦發炎，幫我看看吧！
要收費嗎？我可以把兔子帶到你家唷～
呼～最近總算比較順了！
讓自己舒服工作很重要，這樣才能提供更好的品質唷。

於是我把工作室好好布置，讓自己在更放鬆的狀態下溝通。
整理好工作環境，心情也更輕鬆了！
阿圈說他想被摸就會自己去找你，其他時候你不要煩！
好無情啊！
爸爸別緊張，因為你最近一直加班，黑妞只是想要你多休息多陪他啦！
我會努力的！

我的表現有變好了吧？
嗯，有進步。
在這兩個月，我募集超過兩百個個案練習。
我自己也覺得好很多！
那就開始工作吧。
咦？
當一個正式的溝通者吧。
欸!?
終於…我被認可了！

如果被說收費太貴怎麼辦
家長不滿意怎麼辦
動物不跟我說怎麼辦
沒人來怎麼辦怎麼辦
怎麼辦怎麼辦怎麼辦…
啪!
專心睡啦!

今天開始溝通師
咪醬為什麼要一直把杯子推下去呢？
我只是要知道爸爸愛不愛我啊！
可是這樣很危險，爸爸還因此受傷耶。
但是爸爸一直出門，我怕他也不要我…
身為溝通者，應該確實向人類傳遞動物的需求，
幫助雙方協商出共同生活的方式。
那我請爸爸以後都跟你說清楚要出門做什麼，好嗎？
哼，好啦…

春花媽，你叫阿財不要跳到沙發上好嗎？都有玩具了他還咬家具！
我好無聊，媽媽在沙發上都不跟我玩，我想要媽媽陪！
我們可以讓人類多了解動物，改善相處上的困境。
媽媽，玩具也要有人跟他玩才好玩，阿財跳到沙發上只是想要你理他啦。
可是我下班也想放鬆休息一下啊！
摸摸他、抱抱他也算一種陪伴唷，
阿財等了你一整天呢。
好吧，我會試試看的！
而不是「讓動物變成人類想要的樣子」。

有時人類也會陷入自己的罪惡感小劇場，
最近皮蛋牙齦發炎又感染黴菌，都是我的錯，我沒注意到……
媽媽沒有錯喔，不要難過！
生病只是有一些壞壞的東西，
但我們不能也對自己壞壞。
皮蛋不怪我嗎？
對呀，媽媽要跟皮蛋一起加油喔！
明白動物的心意，就更能支持彼此。

呼！今天也結束了！
春花，有時候我還是忍不住會想，
自己的工作到底有沒有做「對」呢？
沒有什麼「對」或「不對」，盡全力，不要愧對動物跟人類就好。
我有盡力！只是怕自己沒做到最好…
又在亂想！不要小看動物，
你認真做，我們都知道。

上次那隻貓不喝水的事，不知道有改善嗎？
還是來確認一下…
下班不好好下班，當媽媽不好好當媽媽！
啪!!
春花覺得我沒當好媽媽…嗎？
下班了你就不要當「春花媽」，要當我們大家的媽媽！
你覺得我沒有好好照顧你們嗎？
你一直在想別的動物，還有你做不好的事，
怎麼好好照顧我們？

說完話後，好好謝謝動物就夠了，
一直想他們也不會變好。
我想著他們，會不好嗎？
廢話，你想的都還是很糟糕的事，哪裡會好！
但是我檢討的是我自己啊！
動物選擇跟你講話，當然也會在意你的感受！
那我該怎麼做比較好…？

什・麼・都・不・要・做！
啪
啪
啪
大家都有自己的生活，
跟人家好好說再見，祝他們幸福生活就可以了。
原來如此，好好說過再見，就不用再想了！
我不是一開始就跟你說要好好下班嗎？
想東想西，是要養他們喔！
當然不是，我有你們就夠了！

都幾點了，快起床上班！
啪！
啪！
啪！
再五分鐘……拜託……

PART 2 生活篇

我才不可憐

春花媽，我們擔心恰吉自己在家很孤單。
想問恰吉，願意再讓我們養另一個妹妹嗎？
哇！好可愛！
你跟媽媽說，我有好多話……
喔？
那我們就開始今天的通話囉！
媽媽，恰吉說要「交代」你一些事。
交代？
原來恰吉那麼多話想講啊？
這些話不見得很甜，先不要高興太早喔。

媽媽！
今天我有好多話想要告訴你！
耶~媽媽準備好了！
恰吉恰吉！
恰吉！
媽媽！不要再用尖尖扁梳梳毛了！
欸——!?
我也不要綁那個奇怪的點點！
咦？可是…

媽媽！
你明知道我不喜歡用過的廁所！
又臭又髒，我才不要！
蛤？又沒⋯
媽媽！那些很像我的狗一點都不可愛！
因為，我才是最！可！愛！
⋯⋯

原來恰吉不喜歡梳毛嗎？
唉唷，都打結了！
嗷嗚！
不是啦，是扁梳太尖，
梳起來會痛。
為什麼不要蝴蝶結？很適合他耶。
那個點點的太大了，會打到他的臉。
尿布墊很貴耶，只有一點點髒還可以用吧？
這樣恰吉會憋尿耶，
可以把尿布墊裁成小塊使用喔！
吼唷，龜毛！

不要每次都帶
我去跟和我很
像的狗見面，
他們根本
不可愛！
但你不是會
跟那個妹妹
一起玩嗎？
我看他腳不舒服，
還分享吃的，所以
我才陪他。
才不是
喜歡咧！

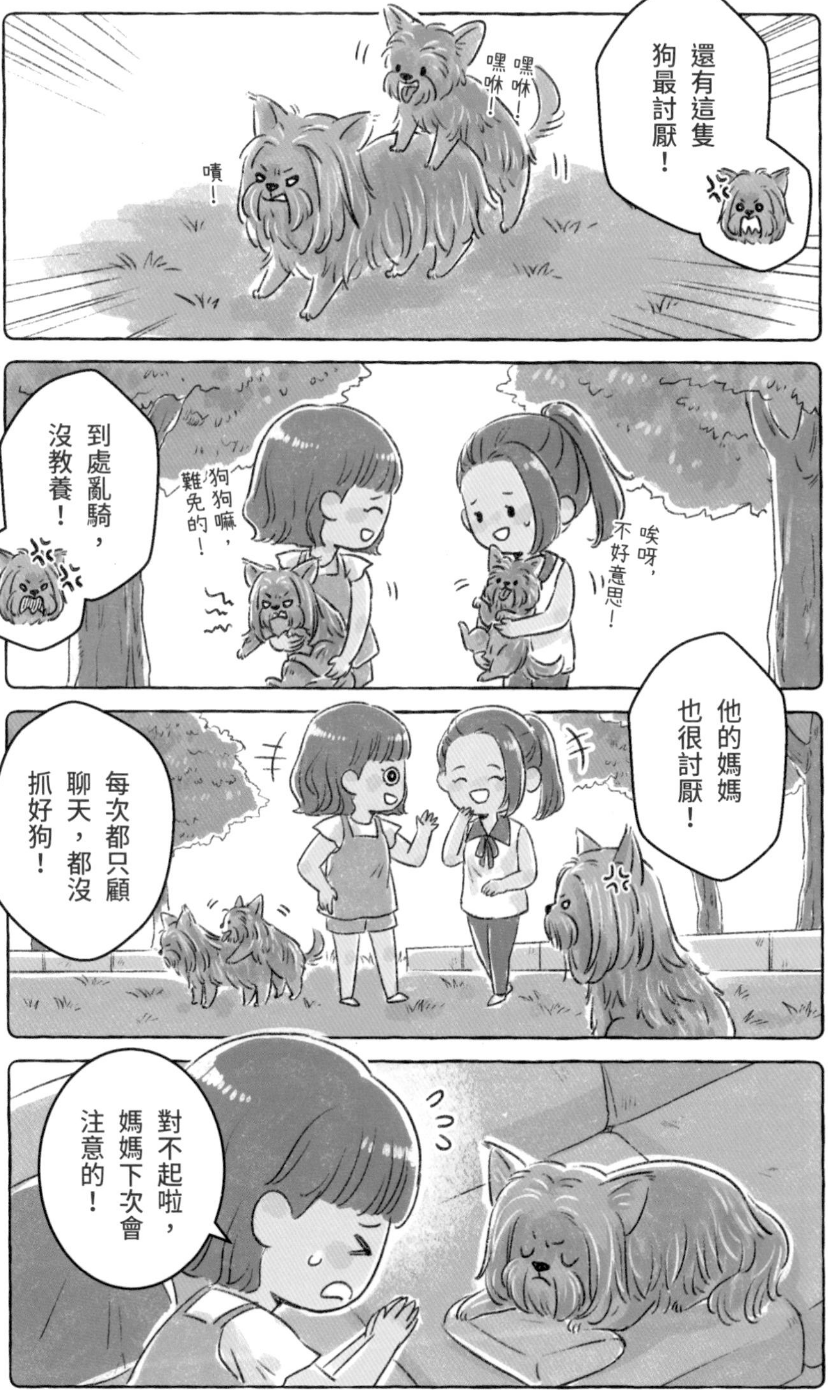
還有這隻
狗最討厭！
嘿咻！
嘿咻！
嘖！
到處亂騎，
沒教養！
狗狗嘛，
難免的！
唉呀，
不好意思！
他的媽媽
也很討厭！
每次都只顧
聊天，都沒
抓好狗！
對不起啦，
媽媽下次會
注意的！

春花媽，我們會加班外派，恰吉都要看家好久。
回家看到他一個人，真的很可憐耶。
媽媽覺得你很可憐，想要找個妹妹來陪你耶。
整天都在說我可憐，他們才可憐啦！
恰吉，媽媽回來了……
他回家都沒力氣了，還想要照顧我。
我來……餵飯……
咕嚕
我根本就沒吃完，先餵你自己吧！

加班好累…想睡…讓我睡覺…
爸爸也很可憐。
等等，洗澡了沒？
沒洗澡不能上床。
不准過來！
嗚嗚嗚…人不如狗…
可憐啊可憐。
所以恰吉會想要狗妹妹嗎？
跟我很像的狗，我才不要！

媽媽覺得我很可憐。
可是我想睡就睡，要吃就吃。
心情好就等你，不想等就睡覺，這樣很好，我不可憐。
我回來了！
所以恰吉不想要多一隻狗陪你喔？
如果一定要有，我要大隻的！
噠啦
就像媽媽有爸爸，小狗管大狗，這樣才厲害！

可是，可是我只想再養一樣的狗啊。
約克夏最可愛了說！
恰吉說不要耶，你們早點回家比較實際啦。
嗯哼。
下班後先去找他，再做自己的事，這樣就夠了。
蛤？真的不能再養一個妹妹喔？
嗚嗚…
哼！

養了8貓1狗1龜
人類為什麼一直要養新動物啊？
你問他。

臭亂叫快滾！

叮咚~叮咚~
春花媽，抱歉突然打擾！
請問你能不能接緊急預約呢？
？
我撿到一隻小奶貓，我好擔心他的狀況…
哇，眼睛都還睜不太開，真的好小！
咦？還有一隻兔子呀？
嗯，他是我養的兔子，叫做黑棒！
喂！你聽得到我說話對吧？
怒—
還不快來幫忙！
唔哇!?我、我馬上來！
我可以接案唷！小貓還好嗎？看過醫生了嗎？
還沒，我第一次撿到小貓，不知道怎麼辦…
那先帶小貓去醫院檢查，然後…

經過三天的訊息來往，安頓好奶貓後，
黑棒媽媽來溝通了。
咪
咪
這麼小的貓咪也能溝通嗎？
可以唷！
那我想問小貓…
不要管那隻臭亂叫啦！
我不是叫你快點來幫我嗎！慢吞吞！
啪
啪
媽媽，你們家兔子比較想先說話耶…
黑棒？
他是不是生氣了？
其實我有感覺他不開心耶…

黑棒，你、你還好嗎？
好個屁！
你有夠慢，那個臭亂叫都來多久了！
對不起啦，因為小貓太虛弱，先讓他去看醫生比較急⋯
兩小時後⋯
餵飯⋯
他一來，媽媽把自己弄到累死，亂七八糟，根本是個大笨蛋！
多笨，你快說給我聽聽！
抱歉啊媽媽，晚點再安慰你⋯

媽媽把我的布布拿去給那個臭亂叫！
這樣包著軟軟的喔~
都被他弄臭了，超級臭！
唉唷，媽媽怎麼可以拿你的布布呢？這樣不對！
嗯，真的不行。
對吧！氣死我了！
還有，他吃飯憑什麼要讓媽媽餵！
因為小貓無法自己吸奶，媽媽只好⋯
不管啦，媽媽是我的，不准餵他啦！
我們有在幫小貓找別的媽媽了，這都是暫時的！
真的嗎？你保證嗎？

媽媽，第一次照顧小奶貓，你一定嚇壞了吧！
還有在呼吸吧……？
對啊，也不知道能不能活…
你要照顧黑棒，又要照顧小貓，真的是辛苦了！
我…我好怕小貓死掉…
別擔心，你已經很努力，小貓現在也很穩定唷。
不過，你是不是把黑棒的毛巾拿去包小貓啊？
啊？
我以為黑棒不會注意…
瞪
黑棒不喜歡毛巾給別人用喔。
建議你可以先拿舊衣服給小貓。
這樣黑棒的毛巾才不會有其他動物的味道。
對，不准拿我的給臭亂叫！

對不起啦，我第一次撿到那麼小的貓，一切都好混亂⋯⋯
每3小時要餵奶！
黑棒也要吃飯！
記錄體重！
清理黑棒便便！
催便便！
保暖！
黑棒也不喜歡你因為小貓把自己弄得亂七八糟。
黑棒是因為這樣才發脾氣嗎？
我們來聽聽看黑棒的想法好嗎？
嗯！
你看，媽媽還是最在乎你，想聽你說話唷！
這還差不多！

真是氣死我了！我要打死那個臭亂叫，根本不想看到他！
跺腳
整天一直哭，吵死了！
而且他還很臭，搞得媽媽變心又變臭！
等一下喔，媽媽弄完就切水果給你吃！
撞
媽媽一直哭又要餵臭亂叫，
嗚哇～
喵～喵～
咬
整個人都要變成神經病了啦！
黑棒就是擔心你一直哭，也擔心你變心只愛小貓。
怎麼會！我最愛黑棒了！

最近黑棒也都愛吃不吃的，對吧？
對！他是不是不舒服啊？
因為黑棒心情不爽又太緊繃，再這樣下去，大家都吃不消喔。
臭亂叫快滾啦！
我討厭媽媽讓自己太累，我也討厭媽媽愛他！
媽媽不可以沒跟我講好，就養新兔子！
啪
啪
那個不是兔子啦…

媽媽，其實小貓的出現，真的讓黑棒很不適應。
你也有感覺到黑棒的不安吧？
掙扎
跳
對，看到他這麼生氣又焦慮，我其實也很擔心…
你偶然救了一個小生命，還願意繼續負責下去，
真的是很不容易！
但是春花常跟我說「人好，動物才會好。」
如果你希望動物們健康開心，
你更應該先把自己顧好唷。

你之前有提過，最近朋友家的貓生了小孩。
能不能問問看，可以讓小貓過去喝奶嗎？
貓媽媽會接受別的小貓嗎？
有機會唷！
如果順利送去，你就買些補品去當乾媽，再幫忙送養，
這樣就三全其美啦！
哼！
三全？
你、黑棒、臭亂叫都好啊！
臭亂叫不用好！
原來如此，哈哈哈！

你看，小貓去新家了，
你媽媽做得真棒！
哼，剛好
而已啦！

第二人生

單單媽來信
咦？
哥你看，是上次來溝通的單單媽，他寫了好多呀！
春花媽好：上次的溝通，真是讓我深受衝擊！
沉澱心情之後，忍不住想寫這封信和你分享⋯

這是我第一次養貓，也是動溝初體驗。
單單也想畫嗎？
喵～
感謝你讓我有機會面對這個一直存在、但我卻很陌生的世界。
沒想到，和單單的對談，讓我經歷了前所未有的震撼，
也幫我打開了一扇不可思議的窗。

媽媽想問單單什麼呢？
嗯⋯單單喜歡媽媽嗎？
我喜歡打太極的媽媽。
身上有慢慢的、溫柔的光。
媽媽的光都不一樣，畫畫時很快、很豐富。
但是看電腦的時候就沒有光。
因為是在工作嘛。

最近有喜歡媽媽做什麼事嗎？
嗯～
媽媽畫畫最棒了，你看！
我最喜歡這張，有好美的光，上面的葉子還會唱歌喔！
哇，很特別耶！
這是單單說的嗎？他真的很懂耶！
是呀！他真是個藝評家呢！

那音樂呢？喜歡媽媽放的聲音嗎？
你說哪一個啊？
我喜歡客廳的，軟軟的比較好聽。
不過另一個「咚咚咚」的聲音，
我不喜歡！
啊，那是我在打鼓啦！
咚！咚！
單單都會在遠處偷看，原來是不喜歡啊。

那平常我不在家，單單會無聊嗎？
媽媽出門囉！
怎麼會？探索家裡很好玩耶！
不過，媽媽也可以和我討論，看要不要多養一隻寵物喔。
「討論」？貓知道什麼是討論嗎？
喵～

就像昨晚你和那個女生說話那樣呀！
講給對方聽，然後一起決定怎麼做。
天啊！單單連這個都懂！
喵~
對呀，他真的很聰明唷！
原本我對動物溝通也是半信半疑，但這些細節都讓我震驚無比。
原來單單想要朋友嗎？
喵~
平復心情後，我開始明白這場溝通是在提醒我一些事情…

作為一個獨立的生命個體，單單有自己的想法與觀點。
專注ー
喵~
他絕不只是「寵物」，更是我家重要的成員。
戳
人類領養動物，好像是幫他們開啟了新生活。
好，媽媽休息一下！
但實際上，是動物讓人類的生活有了新的意義。

仔細想想，動物溝通師這份工作真是意義非凡。
藉由動溝，讓一般人也能了解動物的心裡話。
感謝春花媽讓我們更理解彼此。
踏
踏
哇，單單也在畫畫啊？
我跟單單的相遇，真的是我們「第二人生」的開始。
喵～

嗚嗚嗚～
嗚嗚嗚嗚嗚嗚～
好感動喔！哥，動物果然會讓人類變得更好！
就像你跟我一樣！
我覺得努力好值得，好有意義！
嗯，做得不錯。
成為溝通師，不僅替人類跟動物之間搭起了橋樑，
愛死你了！
也為我自己打開了「第二人生」。

你有聽到嗎？這個葉子唱歌真的很好聽呢！
單單真是我的伯樂！
欸……呃……好像、好像有喔……

PART

3

行為問題篇

怎麼怪怪的？

唔…怎麼睡到我臉上？
你在看什麼？快進去呀！
止步
我的天啊！你在幹嘛！
為什麼動物會突然做出這些讓人不解的行為呢？
就像今天的主角…
春花媽，芝麻包跟奶皇包最近好怪！他們到底怎麼了？

下午才散步過欸，我們在陽台繞繞好不好？
抓抓
唉~拿你們沒辦法！
芝麻包跟奶皇包最近外出散步的要求異常頻繁。
芝麻包還會不准爸爸離開他的墊子。
壓住
好了嗎？我可以走了嗎？
還是你先去做飯吧。
也只能這樣了。

是不是狗狗老了沒安全感，他們才變成這樣啊？
而且奶皇以前都會一起出門，
咦，你不想散步嗎？
轉頭
現在都要去不去的，是生病了嗎？
兩位爸爸，先別緊張，我們聽聽他們怎麼說吧！
吼，他們不懂！
對啊我們都是因為…
嗯！嗯！
我們用心良苦…

芝麻散步的時候，是不是一定要你們一起出門才行？
欸？我也要去才行嗎？
抓 抓
對啊，以前不會這樣。
其實是因為狗狗知道你們兩個心情不好，所以想要帶你們去散心唷！
咦!?
一起去散步，大家心情變好，才會笑笑啊！
會不會重？可以換我抱！
手痠了……
你們不自己走呀？
我們兩個都出門的話，爸爸就沒得休息，太累了！所以我在家等就好。

還有就是…爸爸們最近是不是壓力很大呀？
的確最近工作真的累到不行…
還有各種煩心的事情…
有時候在家說話會比較大聲。
我們也不是故意的，一不小心就…
但我們不會遷怒唷！
對啊，我們絕對不會因為這樣就兇他們！

儘管沒有兇狗狗，他們還是能感受到家裡氣氛很沉重，
把大家壓得扁扁的唷。
抓
抓
唉唷！
怎麼啦？
所以會用自己的方式幫你們調解。
讚！
原來你們是在勸架⋯⋯
怎麼這麼窩心！

每次看爸爸上班，好像都很煩的樣子。
沒辦法，要出門賺錢買肉肉啊。
我不要爸爸很煩！
我要代替爸爸去上班，他在家快樂睡覺就好！
沒想到你那麼貼心耶！
你看，我就說他很保護你吧！
很多動物都是這樣的唷，
他們會察覺到家裡的氣氛、爸媽的心情，
然後做出很多貼心可愛的事呢！

像是會安慰媽媽的貓……
媽媽好傷心……
讓媽媽用眼睛摸我，就不會哭了！
這隻貓也太溫暖了吧！
還有守護媽媽的小狗。
怎麼卡在這邊不進去？
快走開，不要嚇我媽媽！
有夠聰明！好棒的保鑣！

也有替天行道的貓咪！
吼~又死了，氣死我！
害爸爸生氣！我打死你！
不~~
砰!!
這個愛的代價很高啊！
好險我們家的不會…
沒想到這都是他們在幫爸爸媽媽呀！
對啊，還以為是他們怎麼了呢！
動物常常會隨著家庭氛圍做出一些改變，
有時我們以為是異常行為的事情，可能背後都有他們不同的想法唷！

OK!
現在爸爸們都理解你們的心意囉！
對啊，要笑笑才是我們家，不要難過，不要吵架！
就算吵架也要快點和好啦，
不然一直帶他們出去散步也是會累欸！
謝謝你們為這個家想那麼多！
只要你們在，我們永遠都會笑笑的。

這樣奶皇包很少出去散步，不會很委屈嗎？
你懂什麼，我要帶兩個人類出門走路才辛苦咧！
Z Z Z

新夥伴一起好

接了新貓之後，我家貓老大每天都好生氣，
怎麼哄都沒用…
新舊貓相處急不得，一定要從隔離開始好好做起唷！
如果像你可以直接跟貓咪溝通，他們是不是就不會吵架啦？
唉呀，可沒這麼容易呢！
想當初大海來到我們家的時候，也是折騰了一番…
？

對不起！這隻貓現在需要照顧⋯⋯
討厭！
臭死了！
帶新貓回家的第一步：至少必須與舊貓隔離7至12天左右。
大海，你就在這間房好好休息吧！
進出隔離房時記得換下衣服，避免味道太濃。
第二步：利用布巾、衣服等交換氣味，讓貓咪們熟悉彼此的味道。

第三步：如果貓咪對味道的反應開始和緩，可以試著讓他們看看彼此。
哇，好香！好好吃！
建立看到對方就有好事發生的印象，也是很好的方法！
接下來的步驟，一定要確定雙方反應不會過激才能進行喔！
哼！
第四步：讓新舊貓開始接觸。
這是春花、
萌萌、
阿咪啊、
歐歐⋯

雖然已經過一段時間的認識，貓咪們沒有起嚴重衝突，但是…
胖子！你在這裡幹嘛？
誰准你在這裡，臭死了！
逼近—
臭胖臉！胖呆！
醜死了！又笨又胖！滾！
STOP——

阿咪啊，他離你這麼遠，你還跑來兇人家，
這樣不可以喔！
你管我！我就討厭胖臉！
你可以遠遠的罵他，但不可以這麼近！
不然我就不給你吃零食了喔！

你憑什麼！我要吃！
⋯變成人貓衝突了啊。
不要理他，阿咪啊都在亂罵！
好，那我可以吃零食嗎？
你看，這樣和平相處大家都舒服，我也會給你好多零食！
為了改善這種情況，我常常努力跟他們溝通。
哼，那我要吃肉泥和魚乾。
好好好！

沒想到讓大海慢慢熟悉環境之後，他的本性漸露⋯⋯
聞
姐姐、姐姐，妳好漂亮喔～和我玩嘛！
走開！不要過來！
大海，你一直靠近拒絕你的貓咪，給對方壓力，就要回自己房間喔！

姐姐~姐姐~
大海！
明知騷擾歐歐就要自己回房反省，大海依然不屈不撓。
再接再厲！歐歐姐姐會喜歡我的！
後來決定改成讓歐歐有獨居空間，大幅改善了他的壓力。
讓妹妹進來就好！
雖然是溝通師，也不是和貓說說就能解決問題，
一樣要使用很多行為學上面的方法唷！

並不是所有的多貓家庭都能順利融合，區分生活空間也是解決之道。
好好好，我們去另一邊！不用吵架！
等一下再換你出來玩唷。
如果無法分開房間，也可以用籠養區隔，輪流放風。
狀況許可的話，可於人在場時讓雙方自由活動。
好好相處囉～
不過千萬別讓他們有打起來的機會！
哇～看看這是什麼啊！

如果是貓狗混養的情況，可以將空間做立體的區分。
貓咪通常會因為氣味跟聲音問題跟狗起衝突，
啪！
好臭！
所以貓狗的床跟食物也要盡量分開。
只要規劃好生活方式，多動物家庭也能一起快樂生活唷！

不用執著所有動物都要共居在同一個空間，
維持生活品質才是最重要喔！
胖臉！笨呆！

PART

4

告別篇

痛痛很小

保庇！來！
保庇！不可以！
保庇，你怎麼了？
保庇，你的腫瘤是不是很痛？
對不起…

媽媽，我們來跟保庇好好聊聊，
聽聽他的想法吧？
好，
保庇說什麼媽媽都會聽！
我看到你們在跑步，保庇在旁邊保護你，
他說不會讓你跌倒的唷！
其實，保庇才更擔心你呢。
保庇…
嗚嗚…

不要跟媽媽說這些啦！
會害他哭！
唔～
啪
你要相信你媽媽已經準備好了。
都不說，怎麼溝通？
有時動物也會因不願讓家長擔心而不敢多說，
媽媽很想了解你的感受唷。
而我的工作就是幫助他們好好表達。

以前媽媽最喜歡跟我搶毛巾，他會發出好笑的怪聲音。
還會這樣用力摸我，我好喜歡。
現在媽媽會哭，只敢輕輕摸。
好像摸我的時候，他比我還痛。
媽媽把我看得好小，把痛痛看得好大。

對…因為我好怕他痛。
醫生說動刀危險，要我考慮安樂死…
保庇說不要只會覺得他很痛。
他還是喜歡梳毛，喜歡被你摸。
也喜歡你說話，唱那首有他名字的歌。
以前我們都好開心，
但是，媽媽最近都不太笑了…

生病好奇怪，讓媽媽變得好遠，好遠。
雖然我身體病歪歪，不過心沒有歪啊。
媽媽看著我，也歪歪了，你不要壞掉好嗎？媽媽。
不會壞，媽媽會一直在這裡。
媽媽要哭到眼睛不見啦。快幫幫他啊！
但我只是讓媽媽盡情哭了一會兒。

保庇媽媽，你可以用撫摸來傳遞心意。
可以哭，可以把痛說出來。
一起坦然面對，讓保庇覺得自己痛痛也沒關係。
如果身體最後都會痛，我們不要哭好不好？
可是，我怕你會想念以前出去玩的時候。
不會啊，現在只要到門口曬太陽就很好。

不過每次進門都要擦腳，濕濕的好煩耶。
因為腳會臭啊。
你還不是很愛聞。
酸～臭～
酸酸的耶，保庇媽媽你喜歡啊？
保庇身上的味道，我都喜歡。
這就是愛。

可是保庇不舒服，我好不放心讓他自己在家。
媽媽你如常生活就好，出門時可以在心裡告訴保庇你幾點會回家。
七點！七點回家！
喀
保庇，媽媽回來啦！

最重要的是，
不要胡思亂想
嚇自己。
跟著醫療進程，
好好一起生活。
我們回家吧。
汪！
這一次，
換我來守護你。

痛痛很小，我很大！我不怕！
沒錯，保庇好棒！

多笑一點點

那天，我接到了一個非常特殊的個案。
腳上有一團腫脹感，好不舒服…
姐姐，牛牛的後腳是不是不太舒服呢？
是的。
這樣啊，我感覺…滿像是有腫瘤的…
…的確，是「骨肉瘤」。
已經確定了嗎？
那我會建議可以找腫瘤專科，因為後續的治療可能很複雜…
我知道…我就是獸醫。

咦？很少獸醫會接受動物溝通呢！
那…我想你都知道，他的狀況滿不好的。
嗯，我只是想確認牛牛的「意願」。
好，我想姐姐是獸醫，也經歷過很多生死，
但如果是要問關於「安樂死」，我有些事情要先和你確認——
無論牛牛怎麼回答，你都會尊重，並且同意他的意見嗎？
因為孩子可能會顧慮人類的感受，去回答人類想要的答案。
所以…
動物也是有可能「不想活」，是嗎？

我見過的動物大多會選擇活下去，
不過他們忍受的痛，是人類難以想像的…
…我想牛牛現在一定很痛苦。
是的，也許你可以先跟他說你已經做好心理準備，讓他不用勉強自己，姐姐覺得如何呢？
嗯，我想…我準備好了。
請你幫我問牛牛，他願意接受…安樂死嗎？

牛牛，我想你應該知道…我要找你聊什麼吧？
知道呀，我姐姐很勇敢吧？
嗯！超勇敢！
我在這邊住好久，姐姐在這邊很厲害唷！大家都聽他的！
記得看一下橘寶的點滴
賓賓的傷口要注意！
哇～真不愧是姐姐！
但是他每天都偷偷哭著罵自己，沒有辦法治好我。
姐姐已經好久好久，沒有對我笑了。

以前他會問我的手「有沒有感覺？」
後來，他改摸我的腳腳，問我「痛不痛？」
我一直說「不會痛啦！」
但是他聽不見，還會偷偷哭，不敢被別人看到。
喵~
喵~
姐姐比我還痛，你跟他說，我不痛，好嗎？
我轉述給姐姐聽，電話那頭的啜泣聲越來越大。

姐姐很棒了！當初撿到我的時候，你就知道我已經壞掉。
別擔心，我會照顧你的。
後來我壞掉越來越多，你也沒有放棄我。
叫別人不能給我吃的肉肉，你也會偷偷塞給我。
快吃，別被發現囉！
想著姐姐，喜歡姐姐，光想到就會笑。
姐姐，我真的好愛你唷！

每次你都這樣，跟大便一樣重！
蹭
蛤！那是我的頭耶！
不過我知道，姐姐不喜歡生病的我。
怎麼會！我沒有不喜歡啊！
好啦！是我自己不喜歡，因為生病害姐姐難過。

痛痛的時候，看到姐姐就會變舒服，因為我知道你這麼愛我。
～♪
你可以像以前那樣笑嗎？
不要只看身體壞掉的地方，要一起想著你愛我的地方。
我最喜歡你叫我「哞～牛」！
可是你現在都不說了！
哞～牛～
哞～牛～！

姐姐，我自己會死掉，你不用擔心要不要幫我。
不過在死掉之前，你要好好陪我喔。
我想看著你，就算只笑一點點，都是牛牛最愛的姐姐。
多摸摸我，好嗎？
…邊哭邊摸你也可以嗎？
可以啊，你現在就在哭啊！

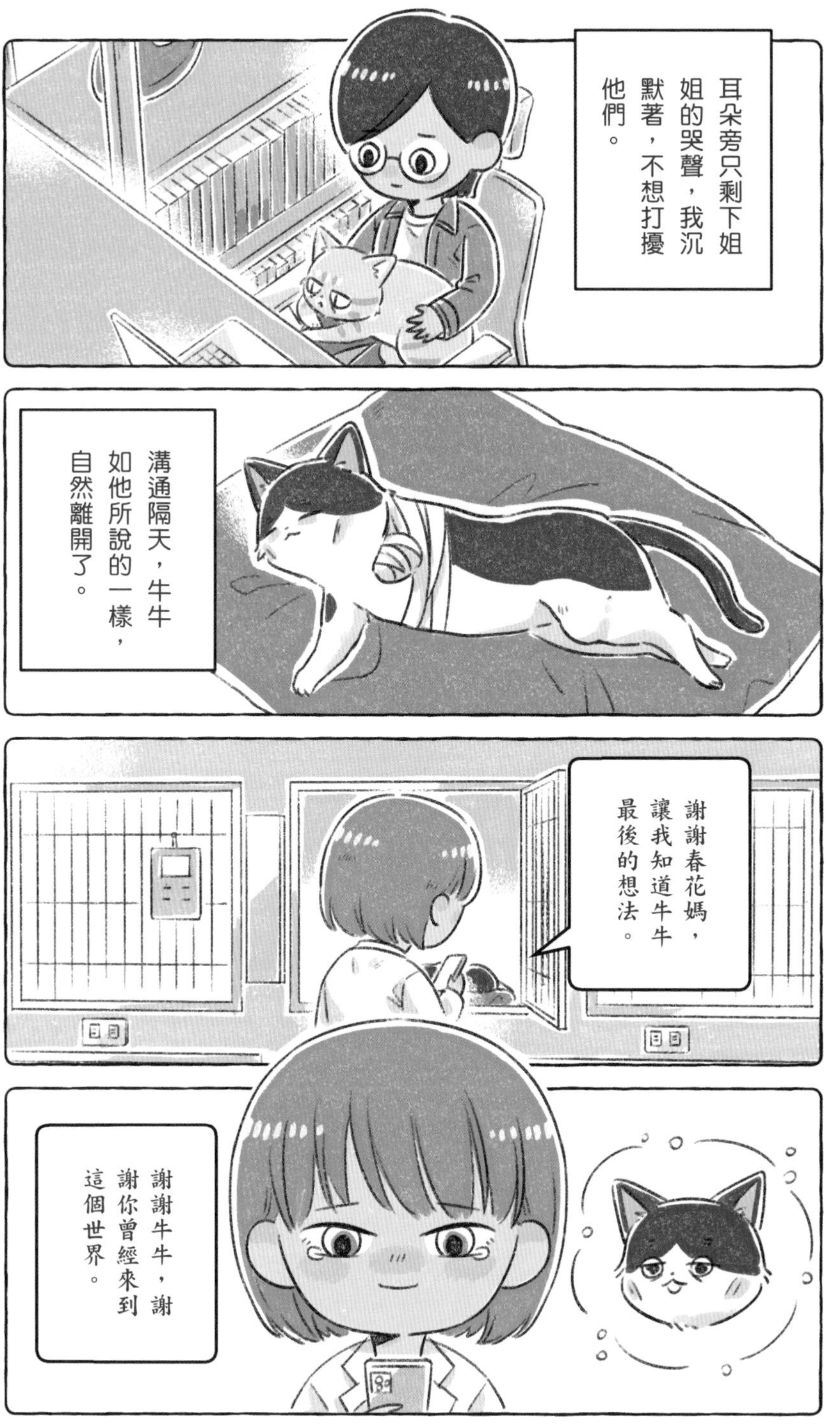
耳朵旁只剩下姐姐的哭聲，我沉默著，不想打擾他們。
溝通隔天，牛牛如他所說的一樣，自然離開了。
謝謝春花媽，讓我知道牛牛最後的想法。
謝謝牛牛，謝謝你曾經來到這個世界。

你看！我的手手都好了！
太棒了！

哥哥的味道

哇，這張照片應該很舊了？
嗯，這是我很小的時候拍的。
這張模糊的老照片，是右右和他哥哥的合照。
離世溝通其實和一般溝通差不多。
哥哥有什麼想問右右的，可以直接說唷。
我只想知道，右右最後過得好不好⋯⋯

右右！
哈哈，好癢喔！
有沒有想我啊？
汪！
我晚一點再拿好吃的來！

右，你看！
要小聲吃喔。
香不香？好不好吃？
汪！
這是我們的小秘密喔！

哥哥給的雞腿，我都分很多次才吃完唷。
雞腿很好吃，上面有好多哥哥的味道。
原來右右都記得…他不介意是我吃過的嗎？
右右都很珍惜唷。
哥哥還有想問右右什麼呢？
我……

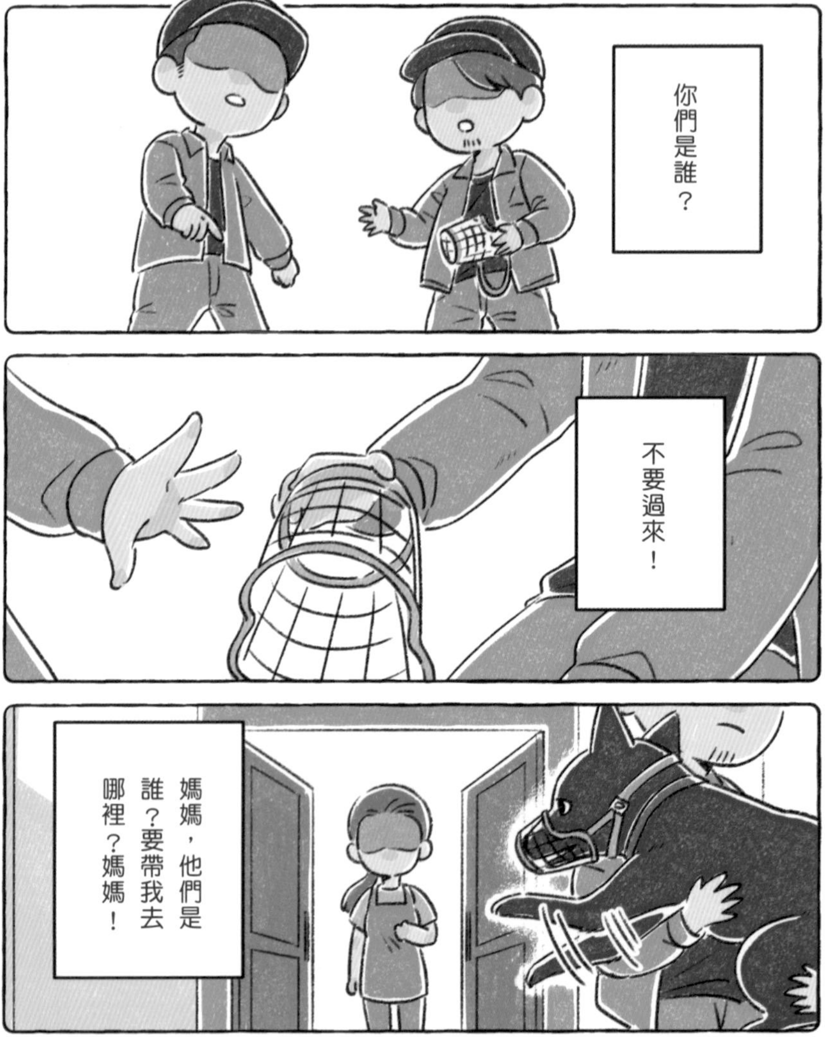
你們是誰？
不要過來！
媽媽，他們是誰？要帶我去哪裡？媽媽！
哥哥呢？哥哥在哪裡？

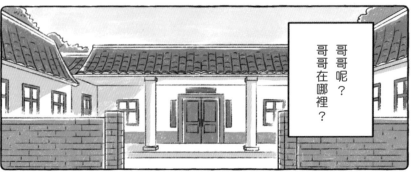

這裡是哪裡啊？
轟轟轟ー
喂！
汪
汪
好多聲音喔！好可怕！
叭ー
汪
我不喜歡待在這裡…

你看你看！
來，給你們好吃的！
他們好小，好可愛喔！
沒有哥哥，就沒有人給我雞腿了。
我好想哥哥喔…

對不起，右右…
讓你自己一個…對不起…
沒關係的，哥哥，我從來都沒有忘記過你唷。
我的腳腳最裡面還有哥哥的氣味。
我每天都會聞一點點。
你每次想我，我都知道，
就像你一直在我身邊一樣。

一直到哥哥的氣味都沒了，我才死掉的唷。
右右…嗚…右右…
嗚嗚…
蹭

哥哥，我知道你想我的時候都會哭，
但是我會笑給你看。
所以哥哥，你也笑給我看好嗎？
…嗯！
約好了，再見的時候，也要笑笑的唷。

哥哥的味道最棒了，你要聞聞看嗎？
呃…你先收著就好…

PART 5

野生動物篇

溝通之橋
熟悉溝通之後，我一直很想跟野生動物聊天，
了解與人類一起共存在地球上的他們。
怎麼都聽不到聲音…
但這並沒有我想像中簡單…
啊…他好像願意理我！
那是一隻年邁的白化水牛。
你好啊，我是春花媽！

可以請問你的名字嗎？
你在這裡很久了嗎？
我是人類，你見過我們嗎？
……
看來他也不想理我…
!?
好溫暖…
雖然水牛還是一句話都沒說，
但從此之後，我開始能感覺到野生動物了。

我第一個真正聽到的聲音是…
天啊，我好像選錯地方…
閃啦！
滾啦！
擋路欸！
走開走開！
滾！
水牛忙著找水喝，沒有一隻想搭理我。

第一位願意跟我交朋友的則是…
哇！你好大啊！

你很小嗎？
據我所知，比你小很多。
你知道的就是真的嗎？
就是因為想確認，我才想跟你講話。
我回答了就是真的嗎？你覺得你看見、聽見的就是真的嗎？

那我給你看看
我所看見的，
你看得到嗎？
有聽到什麼嗎？
很安靜的聲音。
你有聽到鯨魚
的歌嗎？魚和
儒艮的語言？
草的碎念和水
的訊息，你聽
到了嗎？
哇，我沒辦法
聽到這麼多！
真是個小小的動物
啊！你有用過全身
去觀察這個世界嗎？
其實不靠動物，
你就是一個全知
者了。
就算是小小
的，也知道
全部了喲！

漸漸的，我和野生動物的溝通終於順利起來。
你喜歡好天氣嗎？
有太陽，食物就會出現，要吃飽很簡單。
那有吃不飽的時候嗎？
沒有，只有我不想狩獵的時候。
你有小孩嗎？
應該有好幾個了啦！
那你認得你的小孩嗎？會去找他們嗎？
不用分啦！能活下去的，都是好小孩！

這樣摸著你的角，會擋住你嗎？
我覺得你好像知道很多耶！
只要有心要觀察，
我的每個部位都能帶來不同的訊息唷！
知道少一點，我還是我，你也還是你啊，小東西。

你有另一半了嗎？
好可愛~
唉唷，還沒有啦！
我還不知道他喜不喜歡我，但我喜歡跟他一起整理羽毛。
怎麼整理啊？
他會轉頭幫我壓一下翅膀，發出很可愛的聲音，然後⋯⋯

但企鵝卻讓我整整卡關了半個月，沒有一隻鵝要理我。
哈囉，我是春花媽，有沒有鵝想要聊天啊？
……
怎麼會這樣，明明之前都很順啊…
一隻一隻來，我就不信這樣還不行！
你好啊！
哇，你好好看喔！
你願意和我說話嗎？
嗨，你好呀！
你今天過得好嗎？

好了啦！
要講幾遍啦！
我、
我成功啦！
這次的經驗，也讓我感覺自己的野動溝通又進入了新的篇章。
因為野生動物，才能讓人類更理解大環境的變化。
當一座從動物走向人的橋樑，
更是我學溝通不變的初衷。
也因此，我開始了「野動大聲講」的系列，
如果你也好奇他們的聲音，歡迎一起進入這個世界。

怎麼這麼快
就沒力了？
我今天經歷
太多了⋯⋯

活下去

唰—

今天陽光真棒，對吧。
嗯。
你好啊，我是春花媽，你呢？
我叫瓦達鶩。

天氣這麼好，瓦達鶩平常都做什麼啊？
追到獵物，然後吃了他。
這邊看過去都只有冰耶，你一定很會打獵吧？
那是當然。

哇，你好厲害，動作好快！
不快哪能吃飽。
那你最近有吃飽嗎？
飽？
我最近一直很餓、很餓。
上次吃飽是什麼時候啊？
上一次⋯有點想不起來了。
那你的家人呢？也跟你一起挨餓嗎？
⋯我有過家人。

那是瓦達鷲的第一個孩子。
好好待著，我去找食物。
洞穴內只剩一股金屬般的陌生氣味。
那天之後，瓦達鷲就再也找不到他的小熊。

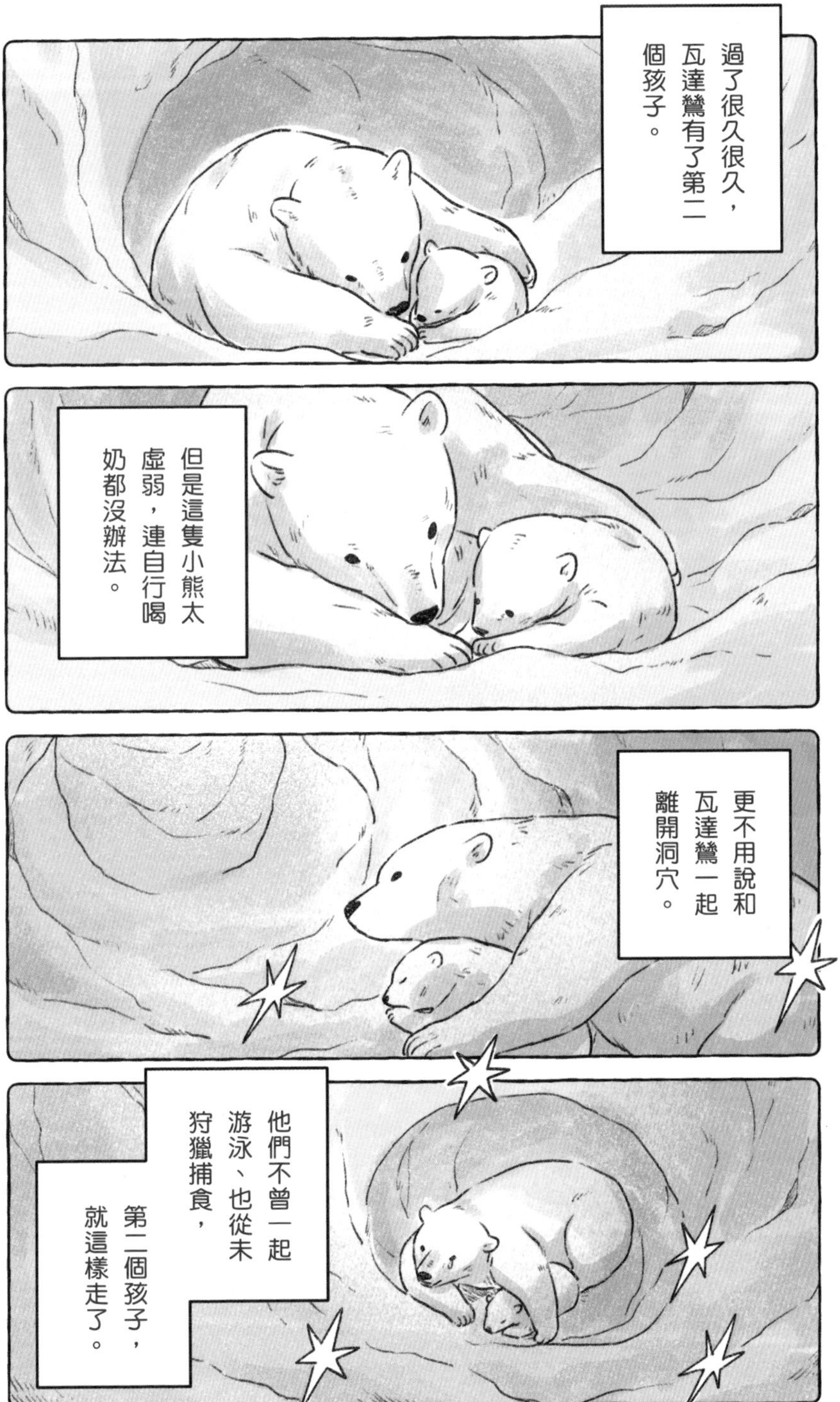
過了很久很久，瓦達鷥有了第二個孩子。
但是這隻小熊太虛弱，連自行喝奶都沒辦法。
更不用說和瓦達鷥一起離開洞穴。
他們不曾一起游泳、也從未狩獵捕食，
第二個孩子，就這樣走了。

這裡是為了考驗動物而存在。
不夠強悍，是無法活下來的。
人類卑鄙又貪心。

你們不是靠著自身能力活在這片土地的動物。
這塊土地比我的孩子還脆弱。
我的孩子曾經吃飽，土地卻已經餓了很久。

我…
我很抱歉…

我們不是想活，而是搶著要活下去。
人類對我們做的一切，我們通通都會還給你們。

瓦達鷥可以好好活下去嗎？
與其擔心這個，不如起來做事！

一起生活

你好啊，我、我叫春花媽⋯
⋯我是多。

看起來是穿山甲的家呢！
天啊，好危險！

現在路變得比較好走，卻很危險。
你是說那些馬路嗎？
以前我把大便大在路中間，大家就知道這是我的路。
咻——
但是現在，你們就這樣一直經過！
石虎原本可是淺山金字塔的最頂端呢。

那你最近有吃飽嗎？
住上面一點的話，就還行！
我們有時候可以吃很多，但是有時好幾天找不到吃的。
那這時候你都怎麼辦？
跟天氣一樣啊，
有時候雨下不停，有時大太陽，不是我們能決定的。

你還有其他同伴或小孩嗎？
有一個弟弟，也有一個女兒。
我的女兒已經獨立了。
不過我偶爾還是會看到他。
那你的弟弟…

那時候我跟弟弟走在路上，看到一種奇怪的蟲，他的肚子裡有肉⋯
喀!!
臭蟲！快打開！
姐姐！救我！
我救不出弟弟，後來蟲跟弟弟都不見了！
看來是被人類拿走了⋯

那…你會害怕有一天再也看不到其他同伴嗎？
…你們想要殺光我們嗎？
不！我們不想！
我們祖先住在這裡的時候，人類殺動物是為了生存。
要好好感謝天地給我們的一切。
那時候的人類會感謝動物，尊敬動物。

但是現在，
你看！
都是住在這裡，
大家就好好住在
自己的地盤啊！
現在你們都
沒有靈魂了。
人類再也不願意
好好看著我們。

為什麼呢？我們不是一起活在這裡的嗎？
我們會努力打造可以共存的環境！總有一天…
你知道嗎，這一切並不難…

你們喜歡我們，我們就會一樣喜歡你們。
一起生活，不就是這樣嗎？

哥，保護石虎也有很多種方法耶！
友善農作
禁用獸夾
家禽管理
放慢車速
知道了就好好去做！

惡夢退散！

你好，我是春花媽！
你的鼻子好漂亮，看起來好厲害！
嗯哼！
你覺得最近植物聞起來有什麼不同嗎？
你說哪一種？
咦？

靠近水的還是不靠近水的？
欸…靠水的好了。
那是淺水還是深水？
蛤？深的好了？
那是深綠色的水？還是深黑色的水？
那個…
啊你都不懂問我幹嘛？
跟不懂食物的人談吃的，真是沒用！
看來是碰到美食家了…

聽說你們很愛泡水，你也喜歡游泳嗎？
啊？你會去做你不會的事情嗎？
會啊，我很喜歡游泳唷！
我也會去海裡潛水！
天啊！你鼻子這麼短，怎麼可以下水！

雖然我的鼻子很短，還是可以學啦！
幹嘛去做不會的事？很想死嗎？
因為我想去海底撿垃圾，也想挑戰自己的極限呀。
極限？那你應該做你會的，不要隨便給別人添麻煩好嗎？
不懂食物，又不愛惜生命，我要代替你媽打你！
哇啊！

我很愛惜生命啦，畢竟我有很多孩子要養！
你有小孩？
有呀，你看！
這是我的家人。
他們是你的小孩？
對啊！很可愛吧！

你小孩也是長大後才變色啊？
不是，他們不是人類。
什麼？你怎麼會這樣！
啊？
你為什麼都做一些自己不會又不相關的事啊？
請享用。
嗯…可能人類就是這樣的動物吧？
好怪，人類是不是腦子不太好啊？
啊哈哈…

我是你第一個看到的人類嗎？
不是，我以前就有看過。
你們把樹砍得亂七八糟，留下難聞的味道，把森林變得好臭！
對不起…人類的味道很臭嗎？
對啊，又小又臭，你們很不正常耶！
有的人類會對動物好，但…也有些人不太好，
你自己真的要小心唷！
我知道，你也是啊。

其實人類對你們也很感興趣，說你們跟「夢」有關喔！
「夢？」
對呀，你會做夢嗎？
會啊，我最近夢到自己會飛，有小小的翅膀，
還跟著蝴蝶去躺雲。
我吃了一口雲，結果就掉下來了！
那你有受傷嗎!?
那是夢啊，孩子！
對吼！哈哈哈！

人類傳說你們會吃掉惡夢，讓我們好好睡覺。
你有做過惡夢嗎？
有哇！
有一次，我夢到在睡覺的時候，火突然從我腳邊燒起來。
越來越熱、越來越熱⋯⋯
我想說奇怪，我不是住在水邊嗎？
結果一看，水面上也都是火！
我開始逃，但是火跟活的一樣，我都來不及呼吸！
天啊！那怎麼辦？

你說我可以吃惡夢，你應該也可以幫我吃吧！
…蛤？
啊姆啊姆…
哇！好燙！
咬
哈哈哈哈哈！
這不是夢吧？
這是夢吧？我越來越想睡了…
哈哈，你好可愛！
睡吧，孩子。
和馬來貘聊完，我甜甜睡著了。

好重！好重的石頭！
那是你的小孩耶。

後記：

我從動物走向人

不知道你看完的感覺是什麼？我感覺自己長大了一點。

這本睽違多年的漫畫，順著某一種時間的順序鋪展開來，我除了感受到年紀，也深深體會到動物在不同時期帶給我的祝福與教育。

開始做動物溝通的時候，解決的問題通常圍繞在人與動物之間的衝突，但是只卡在衝突、我們都無法成為更好的陪伴者，我們像是在跟對方爭地盤的動物，雖不至於到你死我活，但是不讓彼此快活、甚至連相愛的初衷都被忘記，那時候我們都無法回憶起快樂的味道吧。

後來的溝通變成在「理解」，人是一種得「練習」被愛的動物，因為我們選擇跟動物生活，發現自己其實是需要「換一種方式被愛」的，不是用人的形狀、也不是只用人的方式，要用動物可感受的方式、在他們的面前完全呈現，讓他們懂大大的我們，也需要他們小小的愛。

而後是野生動物全面攻佔我的心，讓我奮不顧身想成為動物的橋樑，其實我不只是選擇岔路（家寵或野生動物），我是想讓大家喜歡動物的心，可以得到更多的舒展——因為生活在你我家中的動物，多年之前他們也許曾生活在外面，因為選擇了人類，所以有不一樣的幸福。

而我在想，在不豢養的前提下，我們如何也能讓野生動物感到幸福？如何支持一個我喜歡的對象，只做他想做的樣子，一如我在家中看我的貓，他也還是貓，一個愛我的貓。

這幾年來，我深刻感受到臺灣人對於動物的友善不斷升級，不管是議題的討論、人對動物感受或存在的理解，對動物溝通的接受度都來到不一樣的高度。我深深感受這份親切蔓延在你我之間，這本書也是為了延續這樣的存在，所以非常、非常謝謝你打開此書，閱讀到這裡，我想謝謝你，謝謝你也願意成為理解動物的一環，謝謝你。

最後我要特別謝謝，協助我完成這本書的人。

畫家Jozy，摸著良心說，我始終沒有參透，怎麼這麼多年、在我身邊都還沒被我氣死，始終可以逼我寫稿，然後找到超優秀的夥伴一起創作出、畫出我腦中體驗的世界。

創作協力的編劇炎炎與漫畫分鏡黑豆，謝謝你們從開始反覆跟我討論，到現在可以輕易提取我的經歷，然後變成你們筆下溫柔的線條，成為跟世界溝通最好的樣子。

還有嬌，你是我跟世界重要的連結通道。

謝謝阿鏘老師，沒有你真的不行啊！正確的動物知識還是需要最堅實的守護，謝謝你們這麼忙卻還願意一直做下去，讓臺灣的動物知識在正確的位置上被理解，也願意反覆提醒我們忽略的距離，謝謝你們！

最後謝謝閱讀到這裡的你，謝謝你打開書，拉近與我和動物的距離。

和你的世界聊一聊 1

Small Talk with YOU

成為動物與人的橋樑，

春花媽的動物溝通之路！

作者	春花媽
腳本	賴妍延
繪製	Jozy、黑豆
責任編輯	王斯韻
美術設計	Vicky
行銷企劃	呂玠蓉
發行人	何飛鵬
總經理	李淑霞
社長	張淑貞
總編輯	許貝羚
副總編	王斯韻

出版	城邦文化事業股份有限公司 麥浩斯出版
地址	104 台北市民生東路二段 141 號 8 樓
電話	02-2500-7578
發行	英屬蓋曼群島商家庭傳媒股份有限公司城邦分公司
地址	104 台北市民生東路二段 141 號 2 樓
讀者服務電話	0800-020-299 (9:30 AM ～ 12:00 PM；01:30 PM ～ 05:00 PM)
讀者服務傳真	02-2517-0999
讀者服務信箱	E-mail：csc@cite.com.tw
劃撥帳號	19833516
戶名	英屬蓋曼群島商家庭傳媒股份有限公司城邦分公司
香港發行	城邦〈香港〉出版集團有限公司
地址	香港灣仔駱克道 193 號東超商業中心 1 樓
電話	852-2508-6231
傳真	852-2578-9337
馬新發行	城邦〈馬新〉出版集團 Cite(M) Sdn. Bhd.(458372U)
地址	41, Jalan Radin Anum, Bandar Baru Sri Petaling, 57000 Kuala Lumpur, Malaysia
電話	603-90578822
傳真	603-90576622
製版印刷	凱林印刷事業股份有限公司
總經銷	聯合發行股份有限公司
地址	新北市新店區寶橋路 235 巷 6 弄 6 號 2 樓
電話	02-2917-8022
傳真	02-2915-6275
版次	初版一刷　2023 年 8 月
定價	新台幣 450 元　港幣 150 元

Printed in Taiwan